Dr. Timo Böhme

Chronik und Kritik zur Jodprophylaxe

Die Jodprophylaxe war und ist in ihrer bestehenden Form grundgesetzwidrig und ein Verstoß gegen das Grundrecht auf Leben und körperliche Unversehrtheit!

© 2020 Dr. Timo Böhme, Ludwigshafen am Rhein

Autor: Dr. Timo Böhme

Foto: Hagen Schnauss

Verlag und Druck: tredition GmbH, Halenreie 42, 22359 Hamburg

ISBN: 978-3-347-14725-6 (e-Book)

ISBN: 978-3-347-14723-2 (Paperback)

ISBN: 978-3-347-14724-9 (Hardcover)

Haftungsausschluss

Die Informationen, Meinungsäußerungen, Stellungnahmen und Hinweise in diesem Buch sind vom Autor sorgfältig geprüft, den-noch kann keine Garantie übernommen werden. Jegliche Haftung des Autors bzw. des Verlages und seiner Beauftragten für Gesund-heitsschäden sowie Personen-, Sach- und Vermögensschäden ist ausgeschlossen. Alle in diesem Buch genannten Fakten waren bis zum Redaktionsschluss am 14. September 2020 gültig.

Inhalt

Einleitung

Offener Brief

Fazit des Verfassers

Chronik und Kritik zur Jodprophylaxe

Anhang

Wir sind Grundgesetz

Pressemitteilung

Redemanuskript für Landtagsrede

Liste der initiierten parlamentarischen
Initiativen zur Jodproblematik

Lebenslauf Dr. Timo Böhme

1963 geboren in Annaberg-Buchholz (Sachsen)

1980 bis 1983 landwirtschaftliche Lehre in Chemnitz

1985 bis 1990 Studium der Agrarwissenschaften in Halle/Saale

1992 bis 1994 Promotion in Göttingen

1995 bis 2015 Tätigkeiten als Agrarwissenschaftler und Manager

2016 bis 2021 Landtagsabgeordneter

Einleitung

Nach mehr als drei Jahren Recherche, Gesprächen mit Protagonisten, Bürgern und Betroffenen, habe ich mit meinem Offenen Brief nun den Schritt an die Öffentlichkeit gewagt. Die globale Mission der Jodprophylaxe, welche in Deutschland so intensiv betrieben wurde, hat mich in den Bann gezogen. Ihre Geschichte hat eine Vielzahl von Handlungsebenen in Gesellschaft, Recht, Politik, Medizin und Wissenschaft. Sie gleicht einem Krimi von Charlotte Link und wie in einer fiktiven Kriminalgeschichte dürfen die Bösen und Schattenmänner natürlich nicht fehlen. Es wäre aber in der Tat kriminell, wenn die deutsche Politik nach mehr als 30 Jahren Jodprophylaxe und genereller Zwangsjodierung, der Gesellschaft eine offene Debatte zu den Ergebnissen, Nebenwirkungen und Folgen dieser Mission verweigern würde. In der 45. Sitzung des Gesundheitsausschusses des Landtages Rheinland-Pfalz vom 20. August 2020 haben das die etablierten Parteien und das zuständige Ministerium bereits getan. Es ist zu vermuten, dass auch die Bundespolitik auf Verschweigen und Verdrängen setzt. Welche andere Chance hätte man auch. Kaum jemand wird zugeben wollen, dass über mehr als 30 Jahre hinweg schwerwiegende Fehler und Versäumnisse gemacht worden sind, bei einer Mission, welche ausnahmslos alle deutschen Bürger zu Versuchskaninchen gemacht hat, mit ungewissem Ausgang. Daher habe ich mich entschieden, meine Chronik und Kritik zur Jodprophylaxe auch als eBook zu veröffentlichen. Wie so oft wird sich die deutsche Politik nur bewegen, wenn eine Vielzahl von Bürgern es massiv auf der Straße oder im Abgeordnetenbüro einfordern. Gehen Sie also zu Ihrem Landtags- oder Bundestagsabgeordneten und fordern Sie die Debatte. Deutschland braucht eine ehrliche und offene Debatte zur Jodprophylaxe, bei der vor allem auch die gesundheitlich Betroffenen zu Wort kommen.

Dr. Timo Böhme, Ludwigshafen am Rhein, 14. September 2020

Offener Brief zur Jodprophylaxe

Mainz, den 14. August 2020

Gerichtet an:

Die Bundesministerin für Ernährung und Landwirtschaft

Bundesministerium für Ernährung und Landwirtschaft

Wilhelmstraße 54

10117 Berlin

Den Bundesgesundheitsminister

Bundesministerium für Gesundheit

Friedrichstraße 108

11055 Berlin

Sehr geehrte Frau Bundesministerin Julia Klöckner,

sehr geehrter Herr Bundesminister Jens Spahn,

Den vorliegenden offenen Brief sende ich an Sie, um Ihre Aufmerksamkeit auf eine Mission der Gesundheits- und Ernährungspolitik zu lenken, welche in Deutschland nunmehr über dreißig Jahre wirkt. Das überaus interessante Themenfeld „Schilddrüsenerkrankungen und Jodprophylaxe" hat mich als Landtagsabgeordneter über einen Zeitraum von mehr als drei Jahren beschäftigt. Ich recherchierte, las

Bücher, kontaktierte alle relevanten Bundesoberbehörden und Ihre Ministerien, führte Gespräche mit vielen Betroffenen und habe eine Reihe von parlamentarischen Initiativen im Landtag Rheinland-Pfalz gestartet.

Meine Erkenntnisse und Schlussfolgerungen sind in einem Dokument zusammengefasst, welches ich mit „Chronik und Kritik zur Jodprophylaxe" betitelt und diesem offenen Brief beifügt habe. Demnach bin ich der festen Überzeugung, dass das Thema „Jodprophylaxe – Ergebnisse und Auswirkungen", dringend einer öffentlichen politischen Debatte bedarf. Es ist aus meiner Sicht nicht zu verantworten, dass nach mehr als dreißig Jahren Jodprophylaxe und den nunmehr vorliegenden Erkenntnissen, die deutsche Politik zu diesem Thema weiter schweigt. Alle deutschen Bürger sind von dieser Mission betroffen, gegebenenfalls auch mit nicht vernachlässigbaren Auswirkungen auf ihre Gesundheit. Es ergeben sich meiner Ansicht nach zudem Parallelen zwischen dem staatlichen Handeln im Hinblick auf einen angeblichen endemischen Jodmangel in Deutschland und das Wirken des Staates im Hinblick auf das Auftauchen des Erregers SARS-CoV-2. Unter dem Eindruck einer vorgeblichen Krise wurden in beiden Fällen die freie Entscheidung der Bürger und meiner Ansicht nach auch Grundrechte massiv eingeschränkt.

Eine Große Anfrage an die Landesregierung Rheinland-Pfalz und deren Antwort zum Thema werden am 20. August 2020 im Gesundheitsausschuss des Landtages besprochen. Die von der Landesregierung genannten Zahlen sind jedoch von bundesweiter Relevanz. Ich bitte Sie daher, dieses Thema aufzunehmen.

Mit freundlichen Grüßen

Dr. Timo Böhme, MdL

Stellv. Fraktionsvorsitzender

Fachsprecher für Soziales, Arbeit und Landwirtschaft

Fazit des Verfassers:

I.   Die Jodprophylaxe in der bestehenden Form hat das Heilsversprechen nicht eingelöst!

Viele verfügbare Informationen weisen darauf hin, dass trotz mehr als dreißigjähriger Jodprophylaxe und möglicherweise sogar wegen ihr, Schilddrüsenerkrankungen in ihrer Prävalenz massiv angestiegen sind und rasant weiter steigen. Viele von Jodsensibilität Betroffene berichten zudem über gesundheitliche Störungen, welche nicht auf Erkrankungen der Schilddrüse per se zurückzuführen sind. So werden Schlafstörungen, ADHS, Reizdarm, Allergien und Herzrhythmusstörungen ohne Auffälligkeiten der Schilddüse beispielhaft benannt. Jod wirkt nicht nur schilddrüsenvermittelt, es entfaltet eine direkte Wirkung auf alle Organe des Körpers. Die Hinweise, Sorgen und Bedenken der Betroffenen wurden weder vom Arbeitskreis Jodmangel e.V. noch von der deutschen Politik ernst genommen. Im Gegenteil: Es besteht eine eindeutige Tendenz dazu, die Kritik an der Jodprophylaxe zu ignorieren und zu verdrängen.

II.   Die Jodprophylaxe war und ist in ihrer bestehenden Form grundgesetzwidrig und ein Verstoß gegen das Grundrecht auf Leben und körperliche Unversehrtheit!

Artikel 2 Absatz 2 des Grundgesetzes definiert einen Gesetzesvorbehalt. Die Jodprophylaxe in ihrer Gesamtheit aus **Jodsalzprophylaxe** und **Futtermitteljodierung** wurde in Deutschland aber nie direkt durch ein Gesetz geregelt. Der Wissenschaftliche Dienst des Landtages Rheinland-Pfalz benennt in seinem Gutachten rechtliche Regelungen, welche in Verbindung mit oder als Voraussetzung zur Jodprophylaxe gesehen werden können. Es handelt sich bei den relevanten Gesetzen und Verordnungen aber entweder um Verordnungsermächtigungen allgemeiner Art für die Exekutive oder um die Festlegung von Rahmenbedingungen für einen vorgeblich freiwilligen Jodeinsatz, welcher sich für den Bürger zum größten Teil als Zwang darstellt. Fraglich bleibt daher, ob die seitens des Wissenschaftlichen Dienstes genannten rechtlichen Regelungen dem Bundesverfassungsgericht als ausreichend im Sinne des Gesetzesvorbehaltes aus Artikel 2 Absatz 2 Grundgesetz gelten würden.

Die Jodprophylaxe verstößt gegen das Übermaßverbot. Zwar kommt der wissenschaftliche Dienst des Landtages Rheinland-Pfalz auch in diesem Punkt zu einer anderen Auffassung, jedoch basiert diese auf Aussagen des Bundamtes für Risikobewertung aus dem Jahr 2004, welche nachweislich falsch und nicht mehr aktuell sind. Der bestehende rechtliche Rahmen zur Jodprophylaxe in Deutschland und der Europäischen Union hat eine Überschreitung des genannten Grenzwertes von 500 µg Jod pro Tag bei der individuellen Ernährung möglich gemacht und dieser Zustand hält trotz der erfolgten Beschränkungen zur **Futtermitteljodierung** weiter an. Zum tatsächlichen Jodeinsatz in Vergangenheit und Gegenwart können keine verlässlichen Aussagen gemacht werden. Aber auch die auffindbaren Veröffentlichungen und Daten beschreiben in der Regel Durchschnittswerte, welche aus Sicht der individuellen Diät des einzelnen Bürgers und seines Lebensmittelwarenkorbes irrelevant sein können. Zudem beweist eine große Zahl von wissenschaftlichen Studien, dass auch eine Jodaufnahme unter 500 µg pro Tag negative gesundheitliche Auswirkungen erzeugen kann. Individuelle genetische und gesundheitliche Voraussetzungen der Einzelperson sind dabei maßgeblich.

III.   Die Jodprophylaxe ist intransparent und ein Verstoß gegen das Recht auf Selbstbestimmung!

Veröffentlichte und dokumentierte Aussagen weisen darauf hin, dass die **Jodsalzprophylaxe** bewusst intransparent gestaltet wurde, um möglichen Widerstand der Bürger oder eine bewusste Lebensmittelwahl auszuschalten. So ist die Deklaration nicht mehr offensichtlich, oft nicht eindeutig und bei loser Ware, der Gemeinschaftsverpflegung und im Gaststättengewerbe nicht vorhanden. Zudem werden Jodierungsmittel nicht als potentielle Allergene gekennzeichnet, obwohl Betroffene und auch wissenschaftliche Veröffentlichungen auf direkte und indirekte allergene Wirkungen verweisen. Die **Futtermitteljodierung**, als eine wesentliche Quelle der Lebensmitteljodierung, erfolgt ohne jede Deklaration am Lebensmittel und ist in Umfang und Größenordnung vom Verbraucher nicht erkennbar. Zudem stellen sich rechtliche Fragen, wenn Milch und Eier de facto zu Jodtabletten und Landwirte zu deren Herstellern und Apothekern gemacht werden. Wer übernimmt in diesem Fall die Verantwortung für Produktqualität, Beratung und falsche Dossierung? Weiterhin ist festzustellen, dass es im Hinblick auf die große Variabilität der Jodgehalte in den Mitgliedsstaaten der EU, bzw. weltweit, keine öffentlich verfügbare Dokumentation gibt, mit deren Hilfe Touristen und Reisende sich über Art, Umfang und Größenordnung der Jodierung im Ausland informieren können.

IV.　　Die Jodprophylaxe weist einen problematischen selektiven Charakter auf!

Es ist unbestritten, dass Jod zur Prophylaxe und Therapie einzelner Schilddrüsenerkrankungen individuell eingesetzt werden kann. Eine massive allgemeine Jodierung von Lebensmitteln kann aber einen Teil der Bevölkerung schädigen. Auch die Vertreter des Arbeitskreises Jodmangel e.V. weisen darauf hin, dass genetische Voraussetzungen maßgeblich sind. Zudem spielen Lebensphase und Vorerkrankungen eine wichtige Rolle. Aussagen von Betroffenen und Studien aus den USA und China belegen zudem eine verminderte männliche Fertilität durch die Erhöhung der Jodzufuhr. Des Weiteren verweisen Veröffentlichungen auf die multiplen schädlichen Auswirkungen von Jod-Radikalen. Diese Vorwürfe sind derart schwerwiegend, dass sie unter allen Umständen in einer öffentlichen politischen Debatte behandelt werden müssen.

Chronik und Kritik zur Jodprophylaxe

(Kommentare und Interpretationen des Verfassers werden kursiv dargestellt)

1970 - Beginn der Futtermitteljodierung

Mit der Richtlinie 70/524/EWG des Rates wurden 40 ppm Jod in Alleinfuttermitteln zugelassen. Dies entspricht 40 mg Jod pro kg Tierfutter. *Es stellt sich somit die Frage, in welchem Umfang und in welcher Größenordnung diese Möglichkeit zur Jodierung in der Europäischen Union und in Deutschland wirklich eingesetzt wurde?*

1971 - Jodiertes Viehsalz ist Teil eines Vorschlages für eine EWG-Verordnung

Mit einem Vorschlag des Rates (EWG) über die Festlegung von Höchstgehalten an unerwünschten Stoffen und Erzeugnissen in Futtermitteln wurde eine Spanne von min. 0,0038% und max. 0,0076% Jod in jodiertem Viehsalz vorgeschlagen. *Es stellt sich auch hier die Frage, in welchem Umfang und in welcher Größenordnung diese Jodierung von Viehsalz in der EU und in Deutschland eingesetzt wurde?*

1983 - Beginn der Jodsalzprophylaxe in der DDR

Bereits im Jahr 1983 setzte die DDR im Süden des Landes jodiertes Speisesalz mit einem Gehalt von 20 mg Jod pro kg Salz ein. Das entspricht 20 µg I/g Salz. Im Jahr 1985 erreichte die Jodierung die gesamte DDR, wobei 84% des Paketspeisesalzes jodiert waren (Präsentation Prof. em. R. Großklaus - 32 µg KIO2/g; Prof. Köhrle - 20 µg I/g).

1984 - Gründung des Arbeitskreises Jodmangel (BRD)

1985 – Gründung der interdisziplinären Jodkommission (DDR)

1986 – Beginn der Futtermitteljodierung in der DDR

Im Jahr 1986 begann man in der DDR, den Mineralfuttermitteln Jod zuzusetzen (Prof. Köhrle - 10 mg I/kg). *Mineralfutter ist allerdings nicht gleichzusetzen mit Alleinfutter. Pro Tag erhält eine Kuh lediglich ca. 100 g Mineralfutter und hat damit zu dieser Zeit ca. 1 mg Jod aufgenommen. Die gesamte tägliche Ration einer Kuh umfasst ca. 11 bis 15 kg Trockensubstanz, was einer Frischmasse von 50 bis 80 kg entspricht.*

1989 – Beginn der Jodsalzprophylaxe in der gesamten Bundesrepublik

Mit der Aufnahme von jodiertem Speisesalz in die Zusatzstoff-Zulassungsverordnung (15-25 µg I/g), wurde der Einsatz in der Gemeinschaftsverpflegung und zur Lebensmittelherstellung möglich. Bis zu diesem Zeitpunkt regelte nur die Diätverordnung den Einsatz von jodiertem Speisesalz in diätetischen Lebensmitteln.

1993 – Wegfall der Doppeldeklaration auf der Vorderseite der Lebensmittelverpackungen

Mit der Zweiten Verordnung zur Änderung der Vorschriften über jodiertes Speisesalz wurde die gesonderte Kennzeichnung „Mit jodiertem Speisesalz" auf den Verpackungen abgeschafft. Zudem wurde:

- die Kennzeichnungspflicht für lose unverpackte Ware abgeschafft

- die Kennzeichnungspflicht in der Gemeinschaftsverpflegung abgeschafft

- mit der Änderung der Fleischverordnung der Einsatz von jodiertem Nitritpökelsalz ermöglicht

- mit der Änderung der Käseverordnung der Einsatz von jodiertem Speisesalz bei der Herstellung von Käse ermöglicht

Die erlassenen Regelungen ermöglichten es, den Jodsalzeinsatz für den Verbraucher zum Teil „unsichtbar" zu machen. Dieser Zustand hält bis heute an.

1993 – Werbung für den verstärkten Einsatz von jodiertem Speisesalz

Das Bundesgesundheitsamt und der Arbeitskreis Jodmangel e.V. starteten eine breite Werbekampagne für den Einsatz von jodiertem Speisesalz. Geworben wurde unter anderem für den Einsatz in der Lebensmittelindustrie, dem Lebensmittelhandwerk, der Gemeinschaftsverpflegung und im Gaststättengewerbe. Am 4. Oktober 1993 fand ein sogenanntes Rundtischgespräch auf einem Symposium des Bundesgesundheitsamtes am Max von Pettenkofer-Institut in Berlin statt. Die entsprechende bga Schrift 3/94 („Notwendigkeit der **Jodsalzprophylaxe**") enthält eine Reihe von interessanten Informationen:

So wird im Kapitel 1 „Zusammenfassung" von 30% der Bevölkerung gesprochen, welche zum Zeitpunkt der Veröffentlichung eine Schilddrüsenvergrößerung hätten. *Dies entspricht ca. 25 mio Menschen.* Eine Volkserkrankung „endemisches Struma" wird postuliert. *Diese Aussage bezieht sich auf frühere Angaben von Prof. P. Pfannenstiel und ist jedoch bis heute sehr umstritten. Sie konnte durch spätere Studien nicht belegt werden* (Melchert et al. 2002; Bruker und Gutjahr 1996). *Zudem werden im Dokument die Nachteile der **Jodsalzprophylaxe** offensichtlich kleingeredet. Vorgeblich sind Autoimmunerkrankungen der Schilddrüse wie Morbus Basedow und Hashimoto Thyreoiditis sehr selten, was im Jahr 1993 wahrscheinlich sogar der Realität entsprach, aber natürlich keine sichere Vorhersage für eine Zukunft mit Jodprophylaxe darstellen konnte.*

Eine Steigerung der Prävalenz (Häufigkeit) von Autoimmunerkrankungen mit fortlaufender Dauer der Jodprophylaxe wird aber angenommen. Vorgeblich können Basedow-Patienten von ihrem Arzt mit Thyreostatika gut auf eine höhere Jodversorgung eingestellt werden. *In diesem Zusammenhang sei erwähnt, dass nach späteren Aussagen von Prof. Hengstmann Thyreostatika wegen ihrer schweren Nebenwirkungen nur als Kurzzeit-Medikation geeignet sind.* Die **Futtermitteljodierung** als wesentliche Jodquelle für Lebensmittel wird im Rundtischgespräch jedoch komplett ausgeklammert und nur am Rande erwähnt.

Im Kapitel 3 „Jodmangel in Deutschland ..." führen Prof. Scriba und Prof. Hötzel aus, dass die Methodik des direkten Jod-Mangelnachweises in Lebensmitteln schwierig und für epidemiologische Studien ungeeignet ist. Die Jodversorgung der Bevölkerung könne daher nur mit dem Indikator Jodausscheidung im Urin bestimmt werden, wobei die Zielgröße von mindestens 100 µg I/Liter erreicht werden sollte. *In einem persönlichen Telefonat im Jahr 2017 teilte zudem Prof. Flachowsky dem Verfasser mit, dass alle in Bezug auf Lebensmittel genannten Jodwerte aus dieser Zeit unter dem Vorbehalt einer ungenauen und unsicheren Analytik stehen, welche erst im ersten Jahrzehnt des neuen Jahrtausends entsprechend verbessert wurde.* Die Weltgesundheitsorganisation (WHO) wird mit einer Empfehlung für die tägliche Jodaufnahme von 150 bis 300 µg pro Tag zitiert.

Im Kapitel 4 „Folgen des Jodmangels aus pädiatrischer Sicht" führt Hesse aus, dass in den 70iger Jahren 37% der westdeutschen Schüler und 46,5% der ostdeutschen Schüler eine vergrößerte Schilddrüse (Struma) hatten. *Hesse zieht aber einen Vergleich mit internationalen Studien heran. Es stellt sich daher die Frage, was eigentlich die richtige, normale Größe der Schilddrüse in Deutschland ist? Offensichtlich gibt es eine Abhängigkeit von der regionalen Ernährungssituation.*

Prof. R. Großklaus führt im Kapitel 6 „Grundlagen und Notwendigkeit der **Jodsalzprophylaxe**..." aus, dass Artikel 2 Absatz 2 des Grundgesetzes die Grundlage für eine freiwillige **Jodsalzprophy-**

laxe bildet und im biologisch-physiologischen Sinne unter körperlicher Unversehrtheit auch die Freiheit von Krankheiten zu verstehen sei. *Grundrechte sind aber in erster Linie Abwehrrechte des Bürgers gegen den Staat und staatliche Eingriffe, sie als Rechtfertigung für einen staatlichen Eingriff heranzuziehen ist ausgesprochen fragwürdig! Gleichzeitig wird anerkannt, dass das Grundgesetz eine generelle bzw. obligate **Jodsalzprophylaxe** verbiete. Die gleiche Frage stellt sich auch im Hinblick auf die **Futtermitteljodierung**. Das Prinzip der angeblichen „**Freiwilligkeit**" ist an dieser Stelle zu hinterfragen. Der Einsatz von jodiertem Speisesalz bei loser Ware, in der Gemeinschaftsverpflegung und im Gaststättengewerbe ist nicht gekennzeichnet, das Gleiche gilt für die gesamte **Futtermitteljodierung**. Aus Sicht des Verbrauchers kann hier nicht von „Freiwilligkeit" gesprochen werden! Es handelt sich um eine staatliche Zwangsmaßnahme.* Zu diesem Schluss kommt auch das Gutachten des wissenschaftlichen Dienstes des Landtages Rheinland-Pfalz.

Unter Kapitel 8 „Jodinduzierte Hyperthyreose unter Berücksichtigung des Morbus Basedow" stellt Prof. Mann fest, dass zum Einfluss der alimentären Jodversorgung auf die Häufigkeit der immunogenen Hyperthyreose nur wenig verwertbare Daten vorliegen. *Diese Aussage bedingt geradezu eine entsprechende Begleit- und Sicherheitsforschung zur Jodprophylaxe mit entweder breit angelegten epidemiologischen Studien und/oder einer durchgehenden Erfassung aller Schilddrüsenerkrankungen!* Prof. Mann verweist zudem auf eine Reihe von Studien, welche die krankheitsauslösende Wirkung von Jod andeuten bzw. beweisen. Im Hinblick auf Hashimoto Thyreoiditis gibt es zwar keine Signifikanz, weitere Studien zur Klärung werden aber empfohlen! *Die Situation bzw. der Stand des Wissens ist zu diesem Zeitpunkt also mehr als uneindeutig! Außerdem kann zu diesem Zeitpunkt die Langzeitwirkung der Jodprophylaxe gar nicht abgeschätzt werden, da eine solche in Studien nicht dargestellt werden kann. Auch aus diesem Grund wäre eine durchgehende Erfassung aller Schilddrüsenerkrankungen über den Zeitraum der Jodprophylaxe dringend erforderlich gewesen!*

Literaturübersichten zu jodbedingten Schilddrüsenerkrankungen finden sich viele Jahre später in den Dissertationen von Tom Wuchter und Sholeh

Mashoufi aus den Jahren 2007 und 2014. Dem vorliegenden Dokument wurde zudem eine PubMed-Abfrage beigefügt, welche aktuelle Studien zum Thema iodine excess zeigt. Aber auch Veröffentlichungen aus den 90iger Jahren zeigten die Probleme bereits deutlich auf (Wiesbadener Schilddrüsengespräche, Stanbury et al. 1998 „Iodine-Induced Hyperthyroidism: Occurence and Epidemiology", Delange et al. 1999 „Risk of Iodine-Induced Hypertyroidism After Correction of Iodine Deficiency by Iodized Salt").

1993 bis 1996 – Es entwickelt sich massiver Widerstand gegen die Jodprophylaxe in der bestehenden Form

Im Jahr 1996 veröffentlichten Dr. Max-Otto Bruker (Klinik in Lahnstein, Rheinland-Pfalz) und Ilse Gutjahr, Geschäftsführerin der Gesellschaft für Gesundheitsberatung (Lahnstein) ein Buch mit dem Titel „Störungen der Schilddrüse", welches als Standardwerk der Kritik an der Jodprophylaxe angesehen werden kann. Unter anderem wird von einem Jodsalz-Skandal gesprochen.

Am 24. April 1996 wurde Ilse Gutjahr nach Aussagen einer Zeugin bei einer Veranstaltung in Trier vom Präsidenten der rheinland-pfälzischen Ärztekammer, Prof. Krönig, mit Gewalt vom Podium gezogen und am Weiterreden gehindert. Sie hatte vorher darauf hingewiesen, dass die Befürworter der Jodprophylaxe mit unterschiedlichsten Angaben, Maßeinheiten und Aussagen agieren und die widersprüchliche Quellenlage der WHO als unseriös bezeichnet. *Die Schlacht um die Jodprophylaxe hatte begonnen. Sie wird von den Jodierungsgegnern aber in großen Teilen verloren, da die Professoren des Arbeitskreises Jodmangel e.V. an den Schalthebeln der institutionellen Macht sitzen und die Politik beraten.* So ist z.B. Prof. Dieter Großklaus bis Ende 1993 Präsident des Bundesgesundheitsamtes (BGA). Prof. Rolf Großklaus ist ab 1991 Leiter der Abteilung Ernährungsmedizin des BGA und später auch im Bundesamt für gesundheitlichen Verbraucherschutz und Veterinärmedizin (BgVV) und im Bundesamt für Risikobewertung (BfR) in leitender Position.

Eine Strafanzeige gegen Prof. R. Großklaus bei der Staatsanwaltschaft Berlin wegen des Verdachts der Körperverletzung und gemeingefährlicher Vergiftung im Jahr 2004 scheiterte. Immerhin konnte eine Jodierung des Trinkwassers verhindert werden.

1997 – Beginn des „Rollback" zur Futtermitteljodierung

Mit der Richtlinie 96/7/EG der Kommission wurde im Jahr 1997 die zulässige Höchstmenge an Jod in Alleinfuttermitteln von 40 ppm auf 10 mg I/kg Futter (mit einem Feuchtigkeitsgehalt von 12%) für Milchkühe und Legehennen und entsprechend 20 mg I/kg für Fische und 4 mg I/kg für Pferdeartige/Equiden begrenzt (Gutachten Wissenschaftlicher Dienst des Landtages Rheinland-Pfalz).

Im Jahr 2005 veröffentlichte die französische Lebensmittelsicherheitsbehörde (AFSSA, heute ANSES) ein Dossier zur Lebensmitteljodierung, in welchem auf die Gefahr der Überjodierung, vor allem für Kleinkinder, hingewiesen wird. In diesem Dokument wird explizit eine Minderung der Jodgehalte in Milch (**Futtermitteljodierung**) um 15 bis 20% gefordert. Außerdem wird ein Jodsalzeinsatz in allen Lebensmitteln abgelehnt. *Frankreich jodiert nach Kenntnis des Verfassers seitdem nur noch Backwaren und setzt jodiertes Speisesalz im privaten Haushalt, in Gaststätten und in der Gemeinschaftsverpflegung ein.* Die Ergebnisse der deutschen KiGGS-Basisstudie (2003-2006), welche im Jahr 2007 veröffentlicht wurden, bestätigen hohe Jodgehalte im Urin von Kleinkindern in Deutschland.

Ebenfalls im Jahr 2005 erfolgte auf Anraten des entsprechenden Panels der European Food Safety Authority (EFSA) eine weitere Reduzierung der zugelassenen Höchstmengen für Milchkühe und Legehennen auf 5 mg I/kg Futter. Es bestanden Bedenken, dass die bis dato zugelassenen Höchstmengen von 10 mg I/kg zur Überschreitung der Jod-Obergrenzen bei der täglichen Aufnahme im Hinblick auf Erwachsene und Jugendliche führen (Worst Case Scenario).

Im Jahr 2013 erstellte das entsprechende EFSA-Panel drei Scientific Opinions, in denen u.a. eine erneute Absenkung der Höchstmengen für Futter für Milchkühe auf 2 mg I/kg und für Legehennen auf 3 mg I/kg gefordert wurde (persönliche Mitteilung Prof. Flachowsky). Die EU-Mitgliedsländer folgten dieser Empfehlung allerdings nicht, es gab keine Mehrheit.

Im Juni des Jahres 2017 reichte die AfD-Fraktion im Landtag Rheinland-Pfalz einen Berichtsantrag zur Sitzung des Ausschusses für Landwirtschaft und Weinbau ein (Vorlage 17/1483). Nach Aussagen der Landesregierung Rheinland-Pfalz betrug die durchschnittliche Einsatzmenge von Jod bei der Milchviehfütterung zu diesem Zeitpunkt 1 mg I/kg Futter.

2013 – Die Wahrheit kommt langsam ans Licht!

Im Jahr 2004 veröffentlichte das Bundesamt für Risikobewertung (BfR) eine Stellungnahme unter dem Titel „Nutzen und Risiken der Jodprophylaxe in Deutschland" auf seiner Website. *Dieses Dokument kann als Bollwerk gegen die Kritiker der Jodprophylaxe und als Vermächtnis von Prof. R. Großklaus angesehen werden.* Die zwei Kernaussagen waren: 500 µg Jod pro Tag und auf Dauer schaden niemandem und werden zudem durch die Jodprophylaxe nicht erreicht. *Das Dokument ziert noch immer die Website des BfR.* **Beide Aussagen sind aber falsch!** Eine Vielzahl von Studien weisen darauf hin, dass bereits bei 300 µg täglicher Aufnahme die Prävalenz von Autoimmunerkrankungen steigt. Die Weltgesundheitsorganisation (WHO) sieht mittlerweile die Grenze bei 200 µg für Menschen mit Vorerkrankungen und 300 µg für den Normalbürger, wobei zu beachten ist, dass beim Verbraucher Vorerkrankungen der Schilddrüse oft gar nicht bekannt sind!

Im Dokument selbst wird auf Seite 12 auf eine Veröffentlichung von Prof. Mann verwiesen, in der dieser die frühere Entwicklung einer manifesten Hypothyreose (Unterfunktion) beschreibt, wenn Menschen mit einer subklinischen Vorerkrankung mit mehr als 200 µg

Jod pro Tag versorgt werden. *Die empfohlene Jodzufuhr pro Tag wird im Dokument interessanterweise nicht mehr mit 150 bis 300 μg angegeben, sondern auf ca. 150 μg reduziert (Vergleiche Rundtischgespräch Max von Pettenkofer-Institut 1993).* Die 300 μg geistern aber weiter durch das Dokument und werden im Zusammenhang mit der **Futtermitteljodierung** als „reichliche Zufuhr" bezeichnet.

Jodgehalte in der Milch werden im Dokument mit 82 bis 115 μg I/l angegeben. Stiftung Warentest findet bei der Qualitätsbewertung von Milch im Jahr 2017 hingegen immer noch 110 bis 520 μg I/l beim Test von 18 Milchsorten. Sieben Milchsorten liegen im Bereich von 170 bis 520 μg (Test, Heft 10/2017).

Der hohe Jodgehalt in Fruchtsäften, Obst, Honig und Schokolade wird im Dokument ignoriert (Prof. Hampel und Zöllner 2004 „Zur Jodversorgung und Belastung mit strumigenen Noxen in Deutschland"). Zudem wird im Dokument die tägliche Jodzufuhr über „unbearbeitete, natürliche" Nahrungsmittel und ohne Jodsalz mit 60 μg angegeben. *Das ist eine Untertreibung wenn man bedenkt, dass eine solche Menge bereits mit 200 ml Fruchtsaft oder 100 g Schokolade aufgenommen werden kann. Zudem ignoriert diese Aussage auch die durch* **Futtermitteljodierung** *enorm erhöhten Gehalte in Milch und Eiern.*

Im Dokument wird weiterhin behauptet, dass eine Jodaufnahme im Milligrammbereich über Nahrungsmittel durch die festgelegten Höchstmengen bei jodiertem Speisesalz und der **Futtermitteljodierung** ausgeschlossen ist. *Auch diese Aussage ist falsch* (Flachowsky et al. 2014, Strohm et al. 2016, Hampel und Zöllner 2004).

Im Dokument wird ebenfalls behauptet, dass jodinduzierte Hyperthyreosen im Wesentlichen nur bei älteren Menschen (>40 Jahre) und bei einer Jodausscheidung im Urin ab 200 μg I/l auftreten. *Diese Aussage erscheint wenig glaubwürdig und entspricht nicht den Berichten von Betroffenen. Gerade Menschen mit geringer Jodversorgung und Vorerkrankungen reagieren auf hohe Jodmengen besonders häufig mit Hyper-*

thyreosen (Überfunktion) oder gar einer thyreotoxischen Krise. Hohe Jod-
gaben können zudem auch zu einer Hypothyreose (Unterfunktion)
führen (Wolff-Chaikoff Effekt).

Im Jahr 2002 veröffentlichten Mitarbeiter des Robert Koch-Institutes
Ergebnisse aus Gesundheitssurveys (Melchert et al. 2002 „Schilddrüsenhormone und Schilddrüsenmedikamente bei Probanden in
den Nationalen Gesundheitssurveys"). Die Angaben beruhen auf
den deutschen Gesundheitssurveys aus den Jahren 1984 bis 1991,
also aus einer Zeit vor oder in der Frühphase der 1989 gestarteten
bundesweiten **Jodsalzprophyaxe**, jedoch noch vor der Zweiten Verordnung zur Änderung der Vorschriften über jodiertes Speisesalz
im Jahr 1993. Insgesamt liegt die Prävalenz der medikamentös behandelten Schilddrüsenerkrankungen bei 5,5 %, wobei der Wert für
Männer mit ca. 1,8 % wesentlich niedriger lag und der für Frauen mit
ca. 9 % wesentlich höher. Die Anwendung von Thyreostatika liegt
bei 0,3 % bei Männern und 0,5 % bei Frauen. **Der Prozentsatz von
Probanden mit Struma liegt bei unter 3 %.** Die Ergebnisse können
somit als „Ausgangssituation" vor dem Start einer breiten Jodprophylaxe angenommen werden.

Im Folgejahr 2003 veröffentlichten wiederum Mitarbeiter des Robert
Koch-Institutes Ergebnisse aus einem späteren Gesundheitssurvey
(Hildtraud Knopf und Hans-Ulrich Melchert 2003 „Beiträge zur Gesundheitsberichterstattung des Bundes - Bundes-Gesundheitssurvey: Arzneimittelgebrauch - Konsumverhalten in Deutschland").
Die Angaben beruhen auf dem deutschen Gesundheitssurvey aus
dem Jahr 1998, also aus einer Zeit 4 bis 5 Jahre nach der Zweiten
Verordnung zur Änderung der Vorschriften über jodiertes Speisesalz im Jahr 1993. Insgesamt liegt die Prävalenz der medikamentös
behandelten Schilddrüsenerkrankungen bei 7,9 %, wobei der Wert
für Männer mit ca. 2,9 % wiederum wesentlich niedriger lag und der
für Frauen mit ca. 12,6 % wiederum wesentlich höher. Im Vergleich
zur „Ausgangssituation", welche 2002 bei Melchert et al. beschrie-

ben wird, sind die Werte jedoch bereits angestiegen, im Durchschnitt der Geschlechter um ca. 2,4%. Die Anwendung von Thyreostatika wird in dieser Veröffentlichung nicht berichtet.

Im Jahr 2013 veröffentlichten Mitarbeiter des Robert Koch-Institutes erneut zu Ergebnissen eines Gesundheitssurveys (Knopf und Grams 2013 „Arzneimittelanwendung von Erwachsenen in Deutschland"). Die Angaben beruhen auf dem deutschen Gesundheitssurvey (DEGS1) von 2008 bis 2011. Insgesamt liegt die Prävalenz der medikamentös behandelten Schilddrüsenerkrankungen bei ca. 11,5%, wobei der Wert für Männer mit ca. 4,5% wiederum wesentlich niedriger lag und der für Frauen mit ca. 18,6% wiederum wesentlich höher. Im Vergleich zur „Ausgangssituation", welche 2002 bei Melchert et al. beschrieben wird, sind die Werte weiter angestiegen. Im Durchschnitt der Geschlechter um ca. 6%. Die Anwendung von Thyreostatika wird in dieser Veröffentlichung nicht berichtet.

Im Jahr 2019 antwortete die Landesregierung Rheinland-Pfalz auf eine Große Anfrage der AfD-Fraktion „Auswertung des Arzneiverordnungsreports und anderer Quellen im Hinblick auf die Verbreitung und Entwicklung von Schilddrüsenerkrankungen in Rheinland-Pfalz" (Drucksache 17/9730). Demnach stieg die Anzahl der Patienten in der gesetzlichen Krankenversicherung mit einer gesicherten Diagnose im ICD-Spektrum E 00 bis E 07 (Schilddrüsenerkrankung) von 2009 bis 2018 von 491.000 auf 631.000, was ca. 15,5% der rheinland-pfälzischen Bevölkerung entspricht. Allerdings liegen keine Daten zur privaten Krankenversicherung vor, der Prozentsatz liegt in Bezug auf die Gesamtbevölkerung also schätzungsweise bei **ca. 17%!**

In den Jahren 2000 bis 2018 stieg die Anzahl der von Apotheken zulasten der gesetzlichen Krankenversicherung abgegebenen Fertigarzneimittel der Subgruppe ATC H03 (Schilddrüsentherapie) in der Bundesrepublik von ca. 16,5 mio Packungen auf ca. 27,5 mio Packungen (Antwort auf Große Anfrage). Allerdings liegen keine Daten zur privaten Krankenversicherung vor, die Anzahl liegt in Bezug auf die Gesamtbevölkerung also um ca. 10% höher!

Beim Vergleich der deutschen Gesundheitssurveys von 1984 bis 2011 und der großen Anfrage der AfD-Fraktion aus dem Jahr 2019 ist festzustellen, dass die Prävalenz der Schilddrüsenerkrankungen enorm gestiegen ist! *Sie liegt rein rechnerisch bei ca. plus 200% im Vergleich zur Ausgangssituation 1984-1991!* Allerdings muss dabei einschränkend erwähnt werden, dass die Daten aus Rheinland-Pfalz nicht als vollständig repräsentativ für den Bundesdurchschnitt angenommen werden können. *Trotzdem ist eine stark steigende Tendenz erkennbar, welche Anlass zu großer Besorgnis sein sollte!*

An dieser Stelle macht es durchaus Sinn, sich der Aussagen von Dr. Max-Otto Bruker zu erinnern. Der Verfasser zitiert vom Cover des genannten Buches: „Der Dauergebrauch von jodiertem Salz wird uns langfristig ein Heer von Schilddrüsenerkrankungen bescheren."

Hatte Dr. Max-Otto Bruker Recht? Diese Frage muss im Hinblick auf die **Jodsalzprophylaxe** *und auch auf die* **Futtermitteljodierung**, *also die Jodprophylaxe in Gänze, seriös beantwortet werden.* **Es wird höchste Zeit!**

Im Jahr 2014 publizierten Flachowsky et al. einen Review über sieben europäische Fütterungsstudien mit Milchkühen und stellten fest, dass bereits bei 2 mg I/kg Futtermittel ein Jodgehalt in der Milch von 500 µg/l erreicht wird. *Der durchschnittliche Konsum von Milchprodukten liegt aktuell in Deutschland bei einem Gegenwert von ca. 1 bis 1,3 Liter Rohmilch pro Person und Tag (Deutsche Landwirtschaftsgesellschaft in top agrar 9/2019; Statistika).*

Zum aktuellen Speisesalzverbrauch publizierte die Deutschen Gesellschaft für Ernährung e.V. (DGE) im Jahr 2016 (Strohm et al. 2016 „Speisesalzzufuhr in Deutschland, gesundheitliche Folgen...").

In dieser wissenschaftlichen Stellungnahme wird eine mediane Speisesalzzufuhr von 8,4 g für Frauen und 10 g für Männer pro Tag gefunden. 39% der Frauen und 50% der Männer nahmen über 10 g Salz pro Tag auf. 15% der Frauen und 23% der Männer über 15 g Salz pro Tag. Die Studie macht keine Angaben zu Nitritpökelsalz, welches in Deutschland ebenfalls jodiert und reichlich in Wurst und Schinken eingesetzt wird.

*Auch hier bewahrheiten sich die Aussagen von Dr. Max-Otto Bruker, welcher von bis zu 30 g Salzkonsum täglich geschrieben hatte. Selbst wenn davon ausgegangen werden muss, dass nur ein gewisser Prozentsatz des Salzes in Deutschland jodiert ist, so hängt die Jodaufnahme über Speise- und Nitritpökelsalz doch sehr stark vom individuellen Lebensmittelwaren- korb und Essverhalten ab. Zudem kann ein konsequenter Jodsalzeinsatz im Haushalt die Jodaufnahme erhöhen, welche dann 100 µg pro Tag weit über- schreiten kann. Der natürliche Jodgehalt von Lebensmitteln und die enorme Erhöhung des Jodgehaltes durch die **Futtermitteljodierung** müssen zu- sätzlich berücksichtigt werden.*

2017 bis 2020 – Politik, Ministerien und Oberbehörden geben sich immer noch unwissend

Bundestag: Eine intensive Recherche des Verfassers im Dokumen- tensystem des Bundestages im Juni 2019 ergibt trotz Einsatz von ca. 40 Suchwörtern bzw. Suchwortkombinationen gerade einmal 18 Do- kumente (seit 1949), welche mit der Jodierung von Nahrungs- und Futtermitteln im Zusammenhang stehen. Darunter sind 8 direkte kleine oder schriftliche Anfragen, welche meist sehr lapidar und ste- reotyp beantwortet werden. Der Rest sind Erwähnungen in Berich- ten und Bekanntmachungen allgemeiner Art. Der Suchbegriff „Fut- termitteljodierung" führte zu keinem direkten Suchergebnis, aller- dings tauchte der Begriff in einer Antwort auf eine schriftliche An- frage aus dem Jahr 2008 auf, wird dort aber nicht erläutert oder quantifiziert. Im Februar 2020 antwortet die Bundesregierung auf eine Kleine Anfrage von AfD-Abgeordneten zum Salzeinsatz und zur Jodversorgung (Drucksache 19/17062) und dokumentiert damit weitgehende Unkenntnis zur Verbreitung von Jodmangel und Schilddrüsenerkrankungen.

Bundesrat: Diverse Änderungen von Verordnungen und Gesetzen stehen in Bezug zum Jodeinsatz, allerdings ist die Jodprophylaxe in ihrer Gesamtheit aus **Jodsalzprophylaxe** und **Futtermitteljodierung** nach Kenntnis des Verfassers nie Gegenstand einer Debatte gewesen.

Das Bundesgesundheitsministerium verweist auf Anfrage des Verfassers an das Bundesministerium für Ernährung und Landwirtschaft (BMEL).

Das Robert Koch-Institut (RKI) verweist auf Anfrage des Verfassers auf die Gesundheitsberichterstattung des Bundes und die DEGS1-Studie (2008-2011).

Das Bundesamt für Verbraucherschutz und Lebensmittelsicherheit (BVL) verweist auf Anfrage des Verfassers an den Arbeitskreis Jodmangel e.V., auf die Lebensmittelüberwachung der Länder und auf die **Nichtzuständigkeit**. Es kann keinen Ansprechpartner beim Bundesamt für Risikobewertung benennen.

Das Bundesamt für Risikobewertung (BfR) verweist auf Anfrage des Verfassers an das Bundesministerium für Ernährung und Landwirtschaft, auf seine eigene Website und den Arbeitskreis Jodmangel e.V.

Das Bundesministerium für Ernährung und Landwirtschaft antwortet nach siebenmonatiger Verzögerung und mehrfacher Nachfrage und verweist auf Antworten der Landesregierung Rheinland-Pfalz, das Gutachten des wissenschaftlichen Dienstes des Landtages Rheinland-Pfalz und die Website des BfR und hält den Sachverhalt für „erschöpfend" erläutert.

Die Landesregierung Rheinland-Pfalz verweist in Antworten auf parlamentarische Anfragen auf die Deutsche Gesellschaft für Ernährung e.V. (DGE) und führt aus, dass die Lebensmittelüberwachung keine Jodgehalte in Lebensmitteln bestimmt hat. Zudem verweist sie auf das Robert Koch-Institut und die DEGS- und KiGGS-Studien.

Das Max-Rubner-Institut verweist auf Anfrage an die Deutsche Gesellschaft für Ernährung e.V. (DGE) und kündigt eine weitere Verzehrstudie an, bei der auch Blutanalysen durchgeführt werden sollen, um genauere Ergebnisse als bei Urinuntersuchungen zu erhalten. Nach Aussage der Bundesregierung (Drucksache 19/17062), ist diese Studie mit der Bezeichnung „gern-Studie" im März 2020 auf den Weg gebracht worden und soll im Jahr 2022 beendet werden.

Aus den Antworten von Ministerien und Oberbehörden wird klar, dass es zur Jodprophylaxe nur begrenzte Wahrnehmung und Expertise gibt. Dies wird von einem Mitarbeiter des Bundesamtes für Risikobewertung auch inoffiziell bestätigt.

Die Jodprophylaxe in Deutschland wurde und wird von zwei eingetragenen Vereinen (e.V.) initiiert, gesteuert und eher weniger überwacht. Dem Arbeitskreis Jodmangel e.V. und der Deutschen Gesellschaft für Ernährung e.V.

*Die Legislativen dieses Landes, wie auch der überwiegende Teil der Bürger, wissen nur sehr wenig von einer **Jodsalzprophylaxe**. Das Wissen beschränkt sich im Wesentlichen auf deren Existenz. Über den wirklichen Umfang der Jodierung bestehen kaum Kenntnisse. Vor allem die **Futtermitteljodierung** ist weitestgehend unbekannt. Eine Mitwirkung der Legislativen bei den Entscheidungen zur Jodprophylaxe ist so gut wie nicht gegeben, und wenn, dann nur unter Einflussnahme von „Gutachtern" aus dem Umfeld des Arbeitskreises Jodmangel e.V. oder der Deutschen Gesellschaft für Ernährung e.V. Entscheidungen zur Jodprophylaxe, sofern nicht einfach dem Markt überlassen, werden von den genannten eingetragenen Vereinen initiiert. Eine nennenswerte Sicherheitsforschung zur Jodprophylaxe, welche vor allem auch auf unbeabsichtigte Folgen (**unintended effects**) fokussiert, hat es nach Meinung des Verfassers nicht gegeben. Die Begleitforschung ist in ihren Aussagen teils widersprüchlich.*

2020 – Wissenschaft, Sicherheits- und Begleitforschung ohne Datengrundlage?

Prof. Rainer Hampel und Helmut Zöllner beschreiben in ihrer Veröffentlichung aus dem Jahr 2004 „Zur Jodversorgung und Belastung mit strumigenen Noxen in Deutschland" eine Diskrepanz, welche sie sich angeblich nicht erklären konnten: „Deutlich wird eine Diskrepanz zwischen dem stagnierenden Verbrauch an jodiertem Speisesalz seit Mitte der 90iger Jahre und der mittlerweile entsprechend den WHO-Kriterien ausreichenden Jodversorgung der Gesamtbevölkerung". Sie hatten wahrgenommen, dass trotz eines nicht weiter steigenden Jodsalzeinsatzes ab den Jahren 1995 (Großgebinde) und 1996 (Paketsalz), die Jodausscheidung im Urin von Kindern 1996 bis 1999 massiv anstieg (83 µg I/l auf 148 µg I/l) und dann wieder deutlich abfiel auf 125 µg I/l im Jahr 2003. Daraufhin vermuteten sie einen „Jodideintrag in die Nahrungsmittel aus unkalkulierbaren Quellen".

*Den Wissenschaftlern war zu diesem Zeitpunkt aber durchaus bekannt, dass es eine **Futtermitteljodierung** gibt, welche in den 90iger Jahren ebenso wie die **Jodsalzprophylaxe** propagiert wurde. Der Anstieg bei der Jodausscheidung ist mit hoher Wahrscheinlichkeit auf diese **Futtermitteljodierung** zurückzuführen, desgleichen auch der Abfall der Jodausscheidung nach 1999, welcher wahrscheinlich infolge der Begrenzung des Jodzusatzes in Futtermitteln auf 10 mg I/kg, durch Korrektur der entsprechenden EU-Richtlinie, im Jahr 1997 zustande kam. Die Veröffentlichung ist damit aber auch ein Hinweis auf die große Wirkung der **Futtermitteljodierung**, denn es darf nicht vergessen werden, dass die genannten Zahlen Medianwerte sind. Die Ausscheidungen von 27% der Kinder lagen im Bereich von 200 µg I/l und mehr, 11% hatten Ausscheidungen von mehr als 300 µg I/l.*

Am 3. September 2018 hatte der Verfasser zu einem Gespräch mit Mitgliedern des Arbeitskreises Jodmangel e.V. eingeladen. Das Gespräch fand in den Räumlichkeiten der AfD-Fraktion in Mainz statt. Es dauerte fast fünf Stunden und es wurden von Seiten Prof. em. R.

Großklaus und Prof. Gärtner zwei Präsentationen gehalten und übergeben. Ein weiterer Austausch erfolgt per eMail.

Nach Auffassung des Verfassers wurde in diesem Gespräch sehr klar, dass auch die Professoren des Arbeitskreises Jodmangel e.V. die Datenlage zur Beurteilung der Auswirkungen der Jodprophylaxe für nicht ausreichend halten. Es fehlt vor allem an umfassenden epidemiologischen Studien, nicht nur in Deutschland, sondern gerade auch im europäischen Ausland. Zudem sind Ergebnisse durch unterschiedlichen Versuchsaufbau/Methodik nicht vergleichbar. Ein Vergleich mit Ländern, in denen keine so intensive Jodprophylaxe betrieben wurde, wie z.B. Irland und die Niederlande (sehr geringe bzw. keine **Futtermitteljodierung**), ist damit nicht möglich.

Meta-Studien zur Jodierung und zu Schilddrüsenerkrankungen wären dringend notwendig, es steht dafür aber kein Geld zur Verfügung. Zudem gibt es strukturelle Probleme, beispielsweise untersteht das Robert Koch-Institut dem Bundesgesundheitsministerium, die Gelder für Studien müssten aber vom zuständigen Bundesernährungsministerium zur Verfügung gestellt werden. Die Verantwortung für die Jodprophylaxe wird den Wissenschaftlern überlassen, die Politik engagiert sich nicht!

Die Professoren bringen zum Ausdruck, dass eine interdisziplinäre Arbeitsgruppe dringend erforderlich wäre, aber nicht zustande kommt. Die Überwachung der Vorgaben im Rahmen der Jodprophylaxe ist Ländersache, daher ist es schwierig, zu einem gemeinsamen Vorgehen zu kommen. Der Zugang zu statistischen Daten erscheint ebenfalls schwierig, diese selbst sind nicht ausreichend vorhanden. Krankenkassen könnten über mehr Informationen verfügen.

Nach Aussagen der Bundesregierung, Landesregierung Rheinland-Pfalz und des Robert Koch-Institutes gibt es keine durchgehende Erfassung von Schilddrüsenerkrankungen. Eine direkte Beurteilung von Erfolg oder Nebenwirkungen der Jodprophylaxe ist damit nicht möglich (Antwort auf Kleine Anfrage im Bundestag, Drucksache

19/17062, Antwort auf Kleine Anfrage im Landtag Rheinland-Pfalz, Drucksache 17/2750 und persönliche Kommunikation mit dem RKI). Lediglich Gesundheitssurveys und Verzehrstudien, welche z.T. im vorliegenden Dokument aufgeführt sind, geben Hinweise auf die Entwicklung der Prävalenz von Schilddrüsenerkrankungen.

Literaturverzeichnis:

AFSSA: Évaluation de l'impact nutritionnel de l'introduction de composés iodés dans les produits agroalimentaires. März 2005

Berichtsantrag zur Sitzung des Ausschusses für Landwirtschaft und Weinbau des Landtages Rheinland-Pfalz am 8. Juni 2017, Vorlage 17/1483: Unjodierte Milchprodukte als neuer Absatzmarkt für Milch. Sprechvermerk, Vorlage 17/1638

Bruker und Gutjahr: Störungen der Schilddrüse. Aus der Sprechstunde Band 23. emu-Verlags-GmbH, Lahnstein, 1996

Bundesamt für Risikobewertung: Nutzen und Risiken der Jodprophylaxe in Deutschland. Stellungnahme vom 1. Juni 2004

Delange et al.: Risk of Iodine-Induced Hyperthyroidism After Correction of Iodine Deficiency by Iodized Salt. Thyroid 9, No. 6, 1999, Seiten 545-556

Flachowsky et al.: Influencing factors on iodine content of cow milk. Eur J Nutr 53, 2014, Seiten 351–365

Flachowsky: Persönliche Kommunikation. 2017

Großklaus und Somogyi: Notwendigkeit der Jodsalzprophylaxe. bga Schriften 3/94, MMV Medizin Verlag München, 1994

Großklaus, Rolf: Präsentation. Fragenkatalog der AfD-Fraktion für das Gespräch mit dem Arbeitskreis Jodmangel e.V. Mainz, 3. September 2018

Hampel und Zöllner: Zur Jodversorgung und Belastung mit strumigenen Noxen in Deutschland. Ernährungs-Umschau 51, Heft 4, 2004

Hengstmann: Interview mit Dagmar Braunschweig-Pauli. Trier, 24. September 2013, www.jod-kritik.de

Knopf und Grams: Arzneimittelanwendung von Erwachsenen in Deutschland. Ergebnisse der Studie zur Gesundheit Erwachsener in

Deutschland (DEGS1). Bundesgesundheitsblatt 56, 2013, Seiten 868–877

Knopf und Melchert: Beiträge zur Gesundheitsberichterstattung des Bundes. Bundes-Gesundheitssurvey: Arzneimittelgebrauch Konsumverhalten in Deutschland. Robert Koch-Institut, Berlin, 2003

Köhrle et al.: Mineralstoffe und Spurenelemente. Molekularbiologie - Interaktion mit dem Hormonsystem – Analytik. 12. Jahrestagung der Gesellschaft für Mineralstoffe und Spurenelemente Würzburg 1996. In: Schriftenreihe der Gesellschaft für Mineralstoffe und Spurenelemente e.V., Stuttgart, 1998, Seite 214

Melchert et al.: Schilddrüsenhormone und Schilddrüsenmedikamente bei Probanden in den Nationalen Gesundheitssurveys. Robert Koch-Institut, Berlin, 2002

Sholeh Mashoufi: Ergebnisse der Jodbestimmung im Serum und im Vollblut bei Schilddrüsenpatienten, 2005/2010. Einfluss auf den Verlauf der Autoimmunthyreoiditis. Dissertation, Aus der III. Inneren Abteilung des Krankenhaus Am Urban und MVZ, Berlin Kreuzberg, 2014

Staatsanwaltschaft Berlin: Anzeige gegen Prof. Dr. Dr. Rolf Großklaus wegen des dringenden Verdachts wiederholter Körperverletzung, gemeingefährlicher Vergiftung und Unterlassung gemäß § 223 (1) StGB, § 314 (1) StGB in Verbindung mit § 13 StGB. Aktenzeichen 45 Js 212/04. 2004

Stanbury et al.: Iodine-Induced Hyperthyroidism: Occurence and Epidemiology. Thyroid 8, 1998, Seiten 83-100

Strohm et al.: Speisesalzzufuhr in Deutschland, gesundheitliche Folgen und resultierende Handlungsempfehlungen. DGE Stellungnahme. Ernährungs-Umschau 63, Heft 3, 2016

Tom Wuchter: Einfluss der renalen Elimination auf die Serumspiegel des nicht hormongebundenen Jods bei Patienten mit Morbus Hashimoto. Dissertation, Klinik für Allgemeine Innere Medizin des

Krankenhaus am Urban, Lehrkrankenhaus der Medizinischen Fakultät der Charité, Universitätsmedizin Berlin, 2007

Wiesbadener Schilddrüsengespräche. Verschiedene Verfasser und Verlage

Wissenschaftliche Dienste Landtag Rheinland-Pfalz: Schutzpflichten des Gesetzgebers im Hinblick auf mögliche Gesundheitsgefahren im Zusammenhang mit der Jodprophylaxe. Aktenzeichen W 1/W 4/ 52-1694, 14. August 2017

Ergebnis der Literaturrecherche zum Thema Jodüberschuss – iodine excess – in der PubMed.gov-Datenbank

Effect of excess iodine intake on thyroid on human health.

Koukkou EG, Roupas ND, Markou KB.

Minerva Med. 2017 Apr;108(2):136-146. doi: 10.23736/S0026-4806.17.04923-0. Epub 2017 Jan 12.

PMID: 28079354 Review.

The catalytic role of iodine excess in loss of homeostasis in autoimmune thyroiditis.

Duntas LH.

Curr Opin Endocrinol Diabetes Obes. 2018 Oct;25(5):347-352. doi: 10.1097/MED.0000000000000425.

PMID: 30124478 Review.

Excess iodine intake: sources, assessment, and effects on thyroid function.

Farebrother J, Zimmermann MB, Andersson M.

Ann N Y Acad Sci. 2019 Jun;1446(1):44-65. doi: 10.1111/nyas.14041. Epub 2019 Mar 20.

PMID: 30891786

Effect of Excess Iodine Intake from Iodized Salt and/or Groundwater Iodine on Thyroid Function in Nonpregnant and Pregnant Women, Infants, and Children: A Multicenter Study in East Africa.

Farebrother J, Zimmermann MB, Abdallah F, Assey V, Fingerhut R, Gichohi-Wainaina WN, Hussein I, Makokha A, Sagno K, Untoro J, Watts M, Andersson M.

Thyroid. 2018 Sep;28(9):1198-1210. doi: 10.1089/thy.2018.0234. Epub 2018 Aug 22.

PMID: 30019625

Iodine-induced thyroid dysfunction.

Leung AM, Braverman LE.

Curr Opin Endocrinol Diabetes Obes. 2012 Oct;19(5):414-9. doi: 10.1097/MED.0b013e3283565bb2.

PMID: 22820214 Free PMC article. Review.

Adverse effects on thyroid of Chinese children exposed to long-term iodine excess: optimal and safe Tolerable Upper Intake Levels of iodine for 7- to 14-y-old children.

Chen W, Zhang Y, Hao Y, Wang W, Tan L, Bian J, Pearce EN, Zimmermann MB, Shen J, Zhang W.

Am J Clin Nutr. 2018 May 1;107(5):780-788. doi: 10.1093/ajcn/nqy011.

PMID: 29722836

Maternal iodine excess: an uncommon cause of acquired neonatal hypothyroidism.

Hamby T, Kunnel N, Dallas JS, Wilson DP.

J Pediatr Endocrinol Metab. 2018 Sep 25;31(9):1061-1064. doi: 10.1515/jpem-2018-0138.

PMID: 30052521

Iodine excess as an environmental risk factor for autoimmune thyroid disease.

Luo Y, Kawashima A, Ishido Y, Yoshihara A, Oda K, Hiroi N, Ito T, Ishii N, Suzuki K.

Int J Mol Sci. 2014 Jul 21;15(7):12895-912. doi: 10.3390/ijms150712895.

PMID: 25050783 Free PMC article. Review.

Iodine excess induced thyroid dysfunction.

Egloff M, Philippe J.

Rev Med Suisse. 2016 Apr 20;12(515):804-9.

PMID: 27276725 French.

Urinary Iodine Concentration and Mortality Among U.S. Adults.

Inoue K, Leung AM, Sugiyama T, Tsujimoto T, Makita N, Nangaku M, Ritz BR.

Thyroid. 2018 Jul;28(7):913-920. doi: 10.1089/thy.2018.0034.

PMID: 29882490 Free PMC article.

Iodine in dairy milk: Sources, concentrations and importance to human health.

van der Reijden OL, Zimmermann MB, Galetti V.

Best Pract Res Clin Endocrinol Metab. 2017 Aug;31(4):385-395. doi: 10.1016/j.beem.2017.10.004. Epub 2017 Oct 20.

PMID: 29221567 Review.

Risks of excess iodine intake in Ghana: current situation, challenges, and lessons for the future.

Abu BAZ, Oldewage-Theron W, Aryeetey RNO.

Ann N Y Acad Sci. 2019 Jun;1446(1):117-138. doi: 10.1111/nyas.13988. Epub 2018 Nov 29.

PMID: 30489642 Free PMC article.

Surveys in Areas of High Risk of Iodine Deficiency and Iodine Excess in China, 2012-2014: Current Status and Examination of the Relationship between Urinary Iodine Concentration and Goiter Prevalence in Children Aged 8-10 Years.

Cui SL, Liu P, Su XH, Liu ShJ.

Biomed Environ Sci. 2017 Feb;30(2):88-96. doi: 10.3967/bes2017.012.

PMID: 28292346

Ausgewählte Suchergebnisse aus der PubMed.gov-Datenbank

Iodine excess and hyperthyroidism

E Roti 1 , E D Uberti

Thyroid. 2001 May;11(5):493-500. doi: 10.1089/105072501300176453.

PMID: 11396708

The association between iodine intake and semen quality among fertile men in China

Yu Sun 1 , Chen Chen 2 , Gordon G Liu 2 , Meijiao Wang 2 , Cuige Shi 3 , Ge Yu 4 , Fang Lv 5 6 , Ning Wang 7 , Shucheng Zhang 8

BMC Public Health. 2020 Apr 6;20(1):461. doi: 10.1186/s12889-020-08547-2.

PMID: 32252717

Influence of iodine in excess on seminiferous tubular structure and epididymal sperm character in male rats

Amar K Chandra 1 , Arijit Chakraborty 1

Environ Toxicol. 2017 Jun;32(6):1823-1835. doi: 10.1002/tox.22405. Epub 2017 Feb 16.

PMID: 28205391

Postulated human sperm count decline may involve historic elimination of juvenile iodine deficiency: a new hypothesis with experimental evidence in the rat

W Crissman 1 , P S Cooke, R A Hess, M S Marty, A B Liberacki

Toxicol Sci. 2000 Feb;53(2):400-10. doi: 10.1093/toxsci/53.2.400.

PMID: 10696788

Anhang

17.04.2020_Sprechvorlage zum Video „Wir sind Grundgesetz"

Meine sehr verehrten Damen und Herren,

Mein Name ist Dr. Timo Böhme. Ich bin 57 Jahre alt, verheiratet, habe eine Tochter und stamme aus Annaberg-Buchholz im Erzgebirge. Zurzeit lebe ich in Ludwigshafen am Rhein, also in Rheinland-Pfalz, wo ich 15 Jahre im Management der BASF gearbeitet habe und nun Landtagsabgeordneter der AfD bin. Meine inhaltlichen Schwerpunkte dabei sind die Sozialpolitik und die Agrarpolitik.

Wie viele ehemalige DDR-Bürger habe ich das sozialistische und totalitäre SED-Regime bewusst miterlebt. Mir ist noch gut in Erinnerung, wie man im familiären Kreis heimlich über politische Themen sprach, sich aber nicht traute, Kritik am Regime in der Öffentlichkeit zu äußern, weil man Nachteile im Beruf oder in der Ausbildung befürchten musste oder im schlimmsten Fall sogar eine Verhaftung durch die berüchtigte Stasi. Mir ist noch deutlich vor Augen, wie man Westfernsehen schaute und über DDR-Staatsmedien witzelte, weil die vordergründige Indoktrination nicht viel mit der persönlichen Lebensrealität zu tun hatte. Umso mehr sträuben sich mir die Nackenhaare, wenn ich höre, wie auch heute Schüler und Auszubildende politisch indoktriniert werden und in ihren Schulen aufpassen müssen, was sie sagen. Wenn man versucht Bürger beruflich oder wirtschaftlich zu schädigen, weil sie die angeblich falsche politische Meinung vertreten und wenn Journalisten eher die Regierung und die, welche schon länger an der Macht sind, verteidigen, als ihrer kritischen Rolle als vierte Säule des Staates gerecht zu werden. Die AfD ist für mich daher meine politische Heimat, in welcher ich gegen diese schleichende Aushöhlung von Demokratie und Rechtsstaatlichkeit kämpfe.

Im Hinblick auf das Grundgesetz aber, möchte ich einen anderen Aspekt herausstellen. Den Artikel Zwei Absatz Zwei: „Das Recht auf Leben und körperliche Unversehrtheit" und den dazugehörigen Gesetzesvorbehalt, welcher wie folgt formuliert ist: „In diese Rechte darf nur auf Grund eines Gesetzes eingegriffen werden." Das bedeutet, dass der Schutzbereich des Artikels Zwei Absatz Zwei, Leben und körperliche Unversehrtheit, nur durch ein deutsches Gesetz eingeschränkt werden darf und auch nur dann, wenn nicht gegen das Übermaßverbot verstoßen wird, also Menschenleben nicht bewusst gefährdet werden. Das Grundrecht auf Leben und körperliche Unversehrtheit ist damit nach unserem Grundgesetz unveräußerbar.

Leider wurde und wird in Deutschland auf der Grundlage von EU-Richtlinien seit mehr als 30 Jahren gegen diese Vorgabe des Grundgesetzes verstoßen. Die Bürger werden seit mehr als 30 Jahren mithilfe künstlicher Jodierung von Futtermitteln, konventionell wie bio, und dem damit verbundenen massiven Transfer von Jod in tierische Lebensmittel ohne ihr Wissen und ohne jede Kennzeichnung zwangsjodiert. Und das in einer Größenordnung, welche Leben und Gesundheit gefährdet hat und immer noch gefährden kann.

Ich setze mich daher dafür ein, die Jodierung von Tierfutter zu beenden und dem Bürger damit wieder die Selbstbestimmung zurückzugeben, entsprechend seiner gesundheitlichen Situation ergänzend Jod aufzunehmen oder nicht. Diese Wahlfreiheit hat übrigens für alle Medikamente und Nahrungsergänzungsmittel zu gelten.

18.06.2020_Pressevorlage

Dr. Timo Böhme, MdL

Antrag auf Besprechung der Großen Anfrage „Auswertung des Arzneiverordnungsreports und anderer Quellen im Hinblick auf die Verbreitung und Entwicklung von Schilddrüsenerkrankungen in Rheinland-Pfalz" (Drucksache 17/9515, Antwort 17/9730)

Eingangsstatement: „Die Jodprophylaxe ist ein sehr widersprüchliches Kapitel der deutschen Medizingeschichte und der durchschnittliche Verbraucher weiß so gut wie gar nichts darüber. Dieser für einen demokratischen Rechtsstaat über Jahrzehnte hinweg unhaltbare Zustand muss beendet werden. Angesichts der zentralen Bedeutung der Schilddrüse für Gesundheit und körperliches Wohlbefinden brauchen Gesellschaft und Politik Daten und eine offene Debatte zur Verbreitung von Schilddrüsenerkrankungen, ihren Ursachen und möglichen Handlungsoptionen der Jodprophylaxe. Ziel sollte es sein, Grundrechte zu wahren, Gesundheit zu schützen und bewusste Entscheidungen von Gesellschaft und Bürgern herbeizuführen. Die Freiheit der Person ist wiederherzustellen."

Ziel der Debatte: Ich verstehe die angekündigte Debatte als einen Weckruf an Politik und Gesellschaft, sich mit dem Thema auseinanderzusetzen. Schilddrüsenerkrankungen müssen statistisch erfasst und eine valide Datengrundlage geschaffen werden. Die Komplexität der Materie kann in 6 Minuten Redezeit jedoch nur angedeutet werden. Weitere Debatten werden folgen müssen, z.B. mit der Besprechung einer weiteren Großen Anfrage oder möglichen Anträgen. Das Thema ist durchaus von bundesweiter, zum Teil auch europaweiter Relevanz. Im Hinblick auf staatliche Entscheidungen und Eingriffe in den Schutzbereich von Grundrechten bestehen Parallelen zur Corona-Krise, sowohl im Hinblick auf die übertriebene Darstellung eines gesundheitlichen Problems, als auch die daraufhin ergriffenen überzogenen Maßnahmen. Das macht den Zeitpunkt für diese Debatte auch so relevant.

17.09.2020_Redemanuskript für Landtagsrede

Besprechung Große Anfrage Jodprophylaxe und staatliche Kontrolle der Lebensmitteljodierung und ihre Auswirkungen

Wertes Präsidium, meine Damen und Herren,

wir besprechen heute die Antwort zur Großen Anfrage „Jodprophylaxe und staatliche Kontrolle der Lebensmitteljodierung und ihre Auswirkungen".

Über Geschichte, Hintergründe und Fakten habe ich zudem mit meinem Dokument „Chronik und Kritik zur Jodprophylaxe" informiert, welches im August als offener Brief veröffentlicht wurde und nun auch als eBook vorliegt.

Zudem liegen dem Landtag ein Gutachten des wissenschaftlichen Dienstes vor und Antworten auf eine weitere Große Anfragen, etliche Kleine Anfragen und Berichtsanträge. Sie finden die Dokumente im OPAL Informationssystem unter dem Stichwort Jod.

Als Ergebnis darf ich feststellen, dass die Landesregierung im Rahmen der Lebens- und Futtermittelüberwachung zuständig für die Kontrolle der Jodprophylaxe und Lebensmitteljodierung ist, aber dieser Verantwortung so gut wie nicht nachkommt.

Zwar beschreiben die Antworten der Regierung Zuständigkeiten und behördliche Strukturen, offensichtlich werden die Anlagen jedes Futtermittelherstellers in Rheinland-Pfalz auch einmal im Jahr einer generellen Überprüfung unterzogen. Zum tatsächlichen Gehalt an Jod im Nutztierfutter macht die Landesregierung jedoch keine Aussage, obwohl die Große Anfrage explizit danach gefragt hatte.

Nach Aussage von Agrarminister Dr. Wissing im Ausschuss 2017 liegt der durchschnittliche Jodeinsatz bei einem mg Jod pro kg Futtermittel, das entspricht dann ca. 250 µg Jod pro Liter Milch. Werte, welche Stiftung Warentest in 2017 auch in Milchproben gefunden hatte.

Allerdings fand man auch eine Milchprobe mit 520 µg. Das entspricht dann der täglichen durchschnittlichen Jodaufnahme eines Bürgers nur über Milchprodukte und ist bereits mehr als das Fünffache des vermuteten täglichen Bedarfs.

Alltägliche Lebensmittel wurden von der Lebensmittelüberwachung de facto überhaupt nicht auf Jodgehalte untersucht.

Aber, wissen wir schon kaum etwas über die aktuellen Jodgehalte in Milch, Eiern und tierischen Produkten, so wissen wir so gut wie gar nichts über die Jodgehalte in den Jahren vor 1997, als mit 40 mg Jod pro kg Tierfutter Jodgehalte von ca. 8.000 µg Jod pro Liter Milch, also 8 mg, EU-gesetzlich zugelassen waren.

Auch nichts über den Zeitraum 1997 bis 2005, als 10 mg Jod pro kg Tierfutter zugelassen waren und damit Jodgehalte von ca. 2.000 µg Jod pro Liter Milch, 2 mg pro Tag, allein über Milchprodukte aufgenommen.

Wie viel Jod war also in Milch, Eiern und tierischen Produkten in den letzten 30ig Jahren enthalten? Sie werden kaum repräsentative Studien finden, meine Damen und Herren, und wenn, dann nur Mittelwerte, welche keine wirkliche Aussage machen.

Eines ist aber klar und von der Wissenschaft mittlerweile eindeutig belegt: Bereits Jodaufnahmen ab 300 µg pro Tag und auf Dauer führen zu Schilddrüsenerkrankungen, vor allem Unter- und Überfunktionen, das steht sogar schon in der Schrift des Bundesgesundheitsamtes aus dem Jahr 1994.

Eine neuere Studie aus dem National Health and Nutrition Examination Survey III der USA untersuchte 12.264 Menschen im Zeitraum von durchschnittlich 19 Jahren und fand eine erhöhte generelle Mortalität bei Personen mit einer Jodausscheidung von größer gleich 400 µg Jod pro Liter Urin. Bei leichtem Jodmangel gab es einen solchen Effekt nicht. Sie leben also länger und werden weniger herz- oder krebskrank wenn Sie leichten Jodmangel haben, meine Damen und Herren! Das sollte man sich merken!

Studien aus den USA und China belegen zudem eine verringerte männliche Fertilität bei hoher Jodversorgung, die Anzahl der Spermien und ihre Vitalität ist eingeschränkt. Also, meine Herren, aufgepasst bei der Ernährung!

Und wenn Sie, meine Damen und Herren, mit jodkranken Menschen sprechen, welche sich in Selbsthilfegruppen versammeln, dann werden Sie Berichte über Erkrankungen bekommen, welche die Wissenschaft im Zusammenhang mit Jod noch gar nicht beleuchtet hat. Nervenerkrankungen, ADHS, Schlafstörungen, Reizdarm, usw.

Wenn also Ministerin Bätzing-Lichtenthäler im Gesundheitsausschuss zum Thema behauptet, es gäbe keine Warnrufe aus der Wissenschaft, dann ist das entweder eine Abwehrstrategie oder völlige Ahnungslosigkeit.

Ich gehe aber vom Ersteren aus, denn sämtliche Bundesoberbehörden und Ministerien agierten in der gleichen Weise. Fragt man zur Jodprophylaxe an, wird erst einmal das hohe Lied vom angeblichen Jodmangel in Deutschland und vom gesunden Jod gesungen. Fragt man dann konkret nach, läuft man gegen eine Mauer des Schweigens. Hinter dieser Mauer aber, meine Damen und Herren, liegt ein Gräberfeld und sehr viel Elend.

Am absurdesten agierte übrigens das BMEL und verweist auf das Gutachten des wissenschaftlichen Dienstes Rheinland-Pfalz. Ich hatte aber nach Vorgaben für den In- und Export von Lebensmitteln gefragt.

Auf den Warnruf vom Arbeitskreis Jodmangel und der deutschen Gesellschaft für Ernährung werden Sie übrigens lange warten können, Frau Ministerin. Als die Herren Professoren merkten, dass die **Futtermitteljodierung** über Jahre hinweg viel zu hohe, ja geradezu toxische Jodwerte in Milch und Eiern hervorgebracht hatte, haben sie die Vorgaben einfach abgesenkt. Von 40 mg Jod auf heute 5 mg Jod pro kg Tierfutter. Die Bürger erfuhren nichts davon, sie wissen bis heute nicht, dass wir ausnahmslos alle zu Versuchskaninchen gemacht wurden und das über Jahre. Mit ungewissem Ausgang.

Meine Damen und Herren, ich fordere Sie hiermit auf, die Mauer des Schweigens aufzubrechen und über das zu reden was war und ist. Die Jod-Propagandisten des Arbeitskreises Jodmangel müssen sich einer öffentlichen gesellschaftlichen Debatte stellen. Wir sind es den Bürgern und den Geschädigten schuldig.

Zudem muss die überzogene **Futtermitteljodierung** umgehend beendet und besser kontrolliert werden.

Vielen Dank!

Liste der initiierten parlamentarischen Initiativen zur Jodproblematik:

23.09.2019 Vorlage 17/5397 - Berichtsantrag „Umweltschutz und rechtliche Aspekte beim Einsatz von Silberjodid zur Hagelabwehr"

23.09.2019 Vorlage 17/5398 - Berichtsantrag „Umweltschutz und rechtliche Aspekte beim Einsatz von Silberjodid zur Hagelabwehr"

28.06.2019 Drucksache 17/9515 - Große Anfrage „Auswertung des Arzneiverordnungsreports und anderer Quellen im Hinblick auf die Verbreitung und Entwicklung von Schilddrüsenerkrankungen in Rheinland-Pfalz"

24.06.2019 Drucksache 17/9479 - Kleine Anfrage „Hagelabwehr mit Silberjodid"

24.06.2019 Drucksache 17/9478 - Kleine Anfrage „Konservierung von Trinkwasser bei der Lebensmittelherstellung"

21.12.2018 Drucksache 17/8085 - Große Anfrage „Jodprophylaxe und staatliche Kontrolle der Lebensmitteljodierung und ihrer Auswirkungen"

15.11.2018 Drucksache 17/4801 - Kleine Anfrage „Schutzpflichten des Gesetzgebers im Hinblick auf die Jodprophylaxe"

14.08.2017 Aktenzeichen W 1/W 4/ 52-1694 - Gutachten wissenschaftlicher Dienst „Schutzpflichten des Gesetzgebers im Hinblick auf mögliche Gesundheitsgefahren im Zusammenhang mit der Jodprophylaxe"

22.05.2017 Vorlage 17/1483 - Berichtsantrag „Unjodierte Milchprodukte als neuer Absatzmarkt für Milch"

13.03.2017 Drucksache 17/2499 - Berichtsantrag „Radioaktives Jod 131 im Januar 2017 über Europa und Deutschland"

13.03.2017 Drucksache 17/2500 - Kleine Anfrage „Export von jodierten Lebensmitteln aus Rheinland-Pfalz 1"

13.03.2017 Drucksache 17/2501- Kleine Anfrage „Export von jodierten Lebensmitteln aus Rheinland-Pfalz 2"

13.03.2017 Drucksache 17/2502- Kleine Anfrage „Statistik zu Schilddrüsenerkrankungen"

08.02.2017 Drucksache 17/2233 - Kleine Anfrage „Gefahren durch Überjodierung und Jodsalz"